Micaela Scalese

Organogel di lecitina:ruolo sull'assorbimento percutaneo

AF153180

Micaela Scalese

Organogel di lecitina:ruolo sull'assorbimento percutaneo

in vivo ed in vitro

Edizioni Accademiche Italiane

Impressum / Stampa

Bibliografische Information der Deutschen Nationalbibliothek: Die Deutsche Nationalbibliothek verzeichnet diese Publikation in der Deutschen Nationalbibliografie; detaillierte bibliografische Daten sind im Internet über http://dnb.d-nb.de abrufbar. Alle in diesem Buch genannten Marken und Produktnamen unterliegen warenzeichen-, marken- oder patentrechtlichem Schutz bzw. sind Warenzeichen oder eingetragene Warenzeichen der jeweiligen Inhaber. Die Wiedergabe von Marken, Produktnamen, Gebrauchsnamen, Handelsnamen, Warenbezeichnungen u.s.w. in diesem Werk berechtigt auch ohne besondere Kennzeichnung nicht zu der Annahme, dass solche Namen im Sinne der Warenzeichen- und Markenschutzgesetzgebung als frei zu betrachten wären und daher von jedermann benutzt werden dürften.

Informazione bibliografica pubblicata da Deutsche Nationalbibliothek (Biblioteca Nazionale Tedesca): la Deutsche Nationalbibliothek novera questa pubblicazione su Deutsche Nationalbibliografie. Dati bibliografici più dettagliati sono disponibili in internet al sito web http://dnb.d-nb.de.
Tutti i nomi di marchi e di prodotti riportati in questo libro sono protetti dalla normativa sul diritto d'Autore e dalla normativa a tutela dei marchi. Questi appartengono esclusivamente ai legittimi proprietari. L'uso di nomi di marchi, di nomi di prodotti, di nomi famosi, di nomi commerciali, di descrizioni dei prodotti, ecc. anche se trovati senza un particolare contrassegno in queste pubblicazioni, sono considerati violazione del diritto d'autore e pertanto non possono essere utilizzati da chiunque.

Coverbild / Immagine di copertina: www.ingimage.com

Verlag / Editore:
Edizioni Accademiche Italiane
ist ein Imprint der / è un marchio di
OmniScriptum GmbH & Co. KG
Heinrich-Böcking-Str. 6-8, 66121 Saarbrücken, Deutschland / Germania
Email / Posta Elettronica: info@edizioni-ai.com

Herstellung: siehe letzte Seite /
Pubblicato: vedi ultima pagina
ISBN: 978-3-639-65706-7

INDICE

2

1. INTRODUZIONE

L'applicazione di farmaci per via topica negli ultimi anni è divenuta oggetto di approfonditi studi in considerazione dei numerosi vantaggi offerti da tale via di somministrazione.

Accanto agli indiscutibili vantaggi (by-pass entero-epatico, riduzione della dose applicata, riduzione degli effetti collaterali), il principale svantaggio delle suddette preparazioni è legato al fatto che la cute ed in particolare lo strato corneo si frappone quale efficace barriera tra l'organismo e l'ambiente esterno[Hadgraft e Pugh 1998].

Sono davvero poche le molecole provviste di requisiti strutturali tali da consentire una buona permeazione percutanea.

Per ottimizzare le formulazioni farmaceutiche topiche è necessario, dunque, conoscere le caratteristiche anatomo- fisiologiche della pelle, per dedurre l'entità (in termini quantitativi e cinetici) dell'assorbimento percutaneo [Forslind et al. 1997].

1.1. La pelle

La pelle costituisce un'interfaccia tra il nostro organismo e l'ambiente esterno. Come riportato in letteratura [Franz et al. 1992], una delle principali funzioni della pelle è quella protettiva. Infatti, il tessuto cutaneo ci protegge dalla:

*   penetrazione di agenti tossici;

*   penetrazione di microorganismi;

*   penetrazione di quantità eccessive di radiazioni ultraviolette;

*   perdita di fluidi essenziali del nostro organismo;

*   temperatura ambientale troppo bassa o elevata;

*   stress meccanici.

Per poter meglio comprendere le funzioni espletate dalla pelle bisogna far riferimento alla sua anatomia, al meccanismo attraverso il quale si realizza il trasporto di massa attraverso di essa ed ai fattori che lo influenzano.

La struttura anatomica della pelle è caratterizzata da tre strati sovrapposti (Figura 1):

1.   Epidermide;

2.   Derma;

3.   Ipoderma o tessuto sottocutaneo.

L'epidermide è formata da numerosi strati di cellule, in particolare, andando dall'esterno verso l'interno, si ha:

*   lo strato corneo caratterizzato da cellule lamellari senza nucleo;

*   lo strato lucido, nel quale i nuclei sono atrofici;

*   lo strato granuloso, i cui elementi cellulari sono vivi;

*   lo strato spinoso;

*   lo strato basale o di Malpighi, formato da cellule in attiva proliferazione, che provvedono al ricambio degli strati superiori.

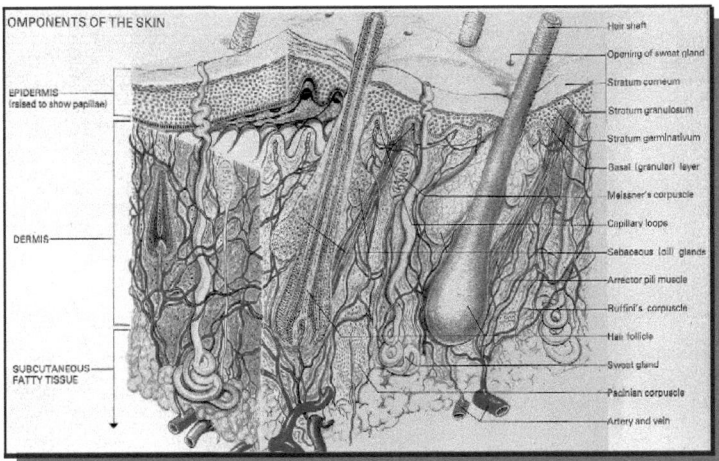

Figura 1. Rappresentazione schematica della pelle.

L'epidermide è priva di vasi e per la nutrizione dipende dal derma, che si insinua nella struttura epidermica con propaggini dette papille dermiche.

Grazie ai numerosi studi effettuati nel campo dell'assorbimento percutaneo, è stato ormai accertato che la funzione di barriera della pelle è da attribuire, fondamentalmente, al suo strato più superficiale, il corneo.

Esso è costituito da cellule dello strato germinativo, le quali, durante la proliferazione mitotica, vengono sospinte verso l'alto e subiscono modificazioni morfologiche, biochimiche e fisiologiche, che si concludono con la formazione di cheratina e la morte delle cellule.

E' stato dimostrato che lo strato corneo nell'adulto è rinnovato completamente ogni quindici giorni.

Il processo è caratterizzato da una forte disidratazione e polimerizzazione del materiale intracellulare e dà, come prodotto finale, cellule biologicamente inattive, contratte e riempite di cheratina.

Come mostrato in Tabella 1, i principali costituenti lipidici dello strato corneo sono rappresentati da ceramidi, acidi grassi liberi e trigliceridi.

Le catene idrofobiche in tutti i lipidi neutri sono costituite prevalentemente da

5

acidooleico,palmitico,linoleicoe stearico.

Sembra che la presenza degli acidi grassi insaturi sia di importanza fondamentale per la funzione di barriera dello strato corneo.

Tabella 1. Composizione dei lipidi dello strato corneo.

Frazione lipidica	%
Lipidi polari	5
Colesteril solfato	2
Lipidi neutri	74
Steroli liberi	14
Acidi grassi liberi	19
Trigliceridi	25
Esteri sterolici/cerosi	5
Squalene	5
n- Alcani	6
Sfingolipidi	18
Glucosilceramidi	Tracce
Ceramidi	18

Gli strati dell'epidermide sottostanti il corneo sono formati da differenti tipi di cellule [Tabella 2]:

• i cheratinociti, che costituiscono la popolazione cellulare più rappresentata;

• i melanociti;

• le cellule di Langherans;

• le cellule di Merkel.

Tabella 2. Schematizzazione degli strati dell'epidermide.

Area	Strati	Funzioni	Peculiarità
Zona germinativa o strato di Malpighi	BASALE	Cellule dotate di capacità metabolica e riproduttiva. Melanociti.	Rinnovazione costante Epidermide (~28gg).
Zona germinativa o strato di Malpighi	SPINOSO	Ridotto attività mitotica. Spine e melanociti.	Cellule di Langerhans: difesa immunitaria!
Zona germinativa o strato di Malpighi	GRANULOSO	Cellule ricche di cheratoialina.	
	LUCIDO	Cellule anucleate. Presente solo in cute spessa.	
Zona cornificata	CORNEO	Celule piatte disidratate.	No metabolismo

Il cheratinocita rappresenta l'unità cellulare responsabile della formazione e del mantenimento della funzione di barriera della pelle. Infatti, i cheratinociti, che si formano a livello dello strato basale dell'epidermide, muovendosi verso la superficie cutanea, vanno incontro ad un processo di differenziazione, che porta, nella fase finale, alla formazione dello strato corneo.

Lo strato più profondo della pelle, il derma, è costituito fondamentalmente da una spessa rete di fibre di collagene e di elastina, immersa in una matrice acquosa contenente elevate quantità di glucosaminoglicani. Questo strato

rappresenta approssimativamente il 90% dello spessore cutaneo, ha funzione di
supporto [Doillon et al. 1986] ed è costituito da due strati [Tabella 3].

Tabella 3. Schematizzazione del derma.

Strati	Funzioni
STRATO PAPILLARE (a contatto con l'epidermide).	Connettivo lasso,ricco di fibre reticolari ed elastiche.
STRATO RETICOLARE	Denso,costituito da fibre di collagene intrecciate in modo compatto.

Nel derma sono immerse anche le ghiandole sudoripare, le ghiandole sebacee e
i bulbi piliferi che assolvono a diverse funzioni [Tabella 4]. Il sebo ed il
sudore, secreti dalle rispettive ghiandole, si uniscono in superficie alle
cellule epidermiche, provenienti dal processo di desquamazione dello strato
corneo, per formare sulla pelle un film idrolipidico, che riveste molta
importanza nella difesa dei tegumenti.

L'elastina e il collagene, che conferiscono le proprietà elastiche alla cute,
sono secrete dai fibroblasti, che, assieme ai linfociti e ai macrofagi [Casarett
& Doull's 2000], costituiscono la componente cellulare del derma.

Il derma è separato dai tessuti sottostanti dall'ipoderma, uno strato di
adipociti, il cui contenuto di grasso ha funzione ammortizzante.

Tabella 4. Annessi cutanei e loro funzioni.

ANNESSI	FUNZIONI
Unghie, peli e follicoli piliferi	Essenzialmente protettiva.
Ghiandole sebacee	Cellule ricche di lipidi (costituiscono il sebo).
Ghiandole sudoripare eccrine	Responsabili produzione sudore.
Ghiandole sudoripare apocrine	Secernono liquido lattiginoso contenente proteine, lipoproteine, lipidi e saccaridi.

L'epidermide è irrorata da sangue, il cui flusso origina dai capillari siti nelle papille dermiche (tra derma ed epidermide). I capillari irrorano anche i follicoli piliferi, le ghiandole sudoripare, l'ipoderma e il derma, influenzando così l'assorbimento percutaneo [Amorosa 1998].

1.2. Assorbimento percutaneo

La permeazione dei farmaci attraverso la cute ha luogo attraverso tre vie di penetrazione:

- attraverso i follicoli piliferi, associati alle ghiandole sebacee;
- attraverso i dotti sudoripari;
- attraverso lo strato corneo continuo tra queste appendici [Barry 2001].

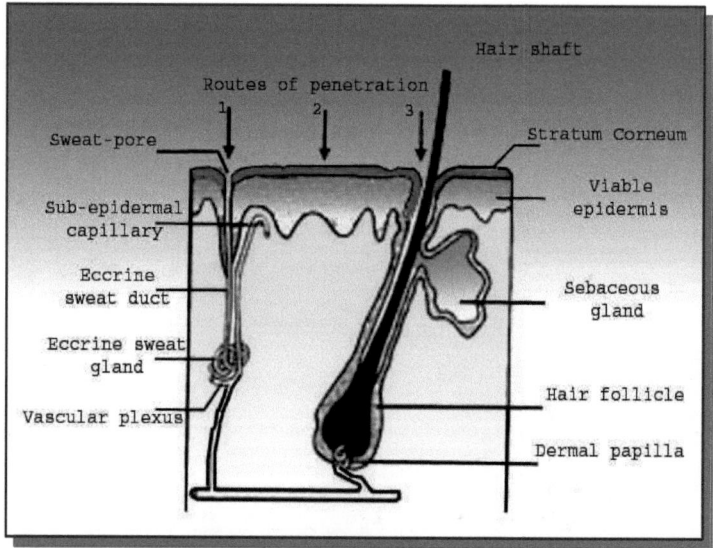

Figura 2. Schematizzazione della struttura della pelle.

In ogni caso, le appendici cutanee occupano lo 0.1% della superficie corporea totale ed il contributo di questa via sull'assorbimento percutaneo non può che essere esiguo.

La quota rilevante di ioni e molecole polari, che permea attraverso la pelle, è limitata essenzialmente dallo strato corneo.

Molti studi hanno evidenziato che lo strato corneo presenta una struttura cosiddetta a calce e mattoni, da cui la funzione di barriera; i corneociti di cheratina idratata costituiscono i mattoni, legati dal doppio strato lipidico (ceramidi, acidi grassi, colesterolo e suoi esteri) che costituisce la calce [Elias 1983].

Sono state identificate due vie passive di permeazione attraverso lo strato corneo:

•   la via intercellulare (tra i corneociti e la matrice lipidica intercellulare);

•   la via transcellulare (attraverso i corneociti e con l'intervento della matrice lipidica intercellulare).

La via intercellulare sembra essere quella principalmente utilizzata dai farmaci [Barry e Williams 1995].

A differenza dell'epidermide, lo strato dermico papillare è così riccamente irrorato da capillari che la maggior parte delle sostanze vengono drenate entro pochi minuti, non influenzando significativamente l'assorbimento [Bouwstra et al. 2003].

Per comprendere i fattori determinanti l'assorbimento attraverso lo strato corneo, bisogna prendere in considerazione l'equazione del flusso allo steady-state [Barry 1988].

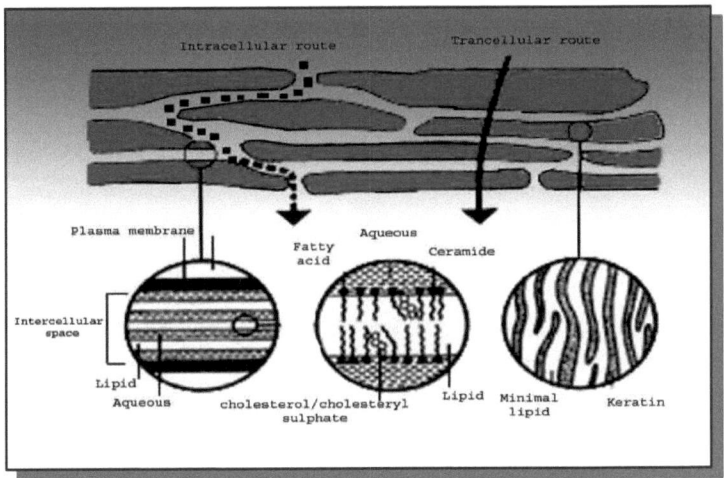

Figura 3. Vie di penetrazione dei farmaci attraverso lo strato corneo.

In genere, questi fattori influenzano sia la permeazione della sostanza che l'eventuale metabolizzazione.

Considerando m la massa che diffonde attraverso una membrana (strato corneo), in funzione dell'intervallo di tempo t (necessario affinché il grafico raggiunga un andamento lineare), potremo scrivere che la pendenza dm/dt

$$\frac{dm}{dt} = \frac{D \times C_0 \times K}{h}$$

corrispondente ad un flusso costante, è data da:

11

dove:

- Co è la concentrazione costante del farmaco in soluzione;

- K è il coefficiente di partizione del soluto tra la membrana (strato corneo) e la soluzione acquosa;

- D è il coefficiente di diffusione;

- h è lo spessore della membrana (strato corneo).

Da tale equazione possiamo dedurre le proprietà ideali di una molecola, affinché penetri attraverso lo strato corneo. In particolare, le caratteristiche principali sono :

- basso peso molecolare, preferibilmente inferiore a 600 Da, quando D tende ad essere elevato;

- adeguata solubilità in olio e in acqua, in tal modo il gradiente di concentrazione attraverso la membrana (la forza motrice per la diffusione) può essere elevato (Co è elevato). Soluzioni sature o sospensioni, che abbiano la stesso massimo di attività termodinamica, determinano il massimo flusso in un sistema all'equilibrio;

- K deve essere elevata ma non troppo, per evitare l'inibizione della clearance del tessuto germinativo;

- basso punto di fusione,correlato ad una buona solubilità, come dettato dalla teoria della solubilità ideale;

- Il coefficiente di partizione è particolarmente importante nel determinare un aumento iniziale della concentrazione nella porzione esterna dello strato corneo. Se il nostro agente non possiede caratteristiche chimico-fisiche adeguate (generalmente K è troppo bassa), si può ricorrere all'utilizzo di un adatto profarmaco con un idoneo coefficiente di partizione. In questo caso, il profarmaco verrà attivato dagli enzimi presenti nell'epidermide [Barry 2001].

Dal momento che il meccanismo di penetrazione dei principi attivi attraverso la cute è piuttosto complesso, occorre menzionare oltre ai fattori precedentemente analizzati anche altri parametri che modulano in senso positivo o negativo l'assorbimento percutaneo:

1. il tempo di esposizione della sostanza al sito di applicazione [al Tayar et al. 1991];

2. la concentrazione della sostanza: la cute può fungere da sito di deposito e rilasciare gradualmente nel tempo la sostanza accumulata [Casarett & Doull's 2000];

3. l'integrità della cute: la cute lesa risulta essere più permeabile [Amorosa 1998];

4. la superficie cutanea: un'applicazione su un'area più estesa o più sensibile aumenta l'assorbimento [Hadgraft 2001];

5. la natura del principio attivo: le sostanze polari permeano attraverso la componente proteica dello strato corneo, quelle apolari attraverso la matrice non acquosa [Pots e Cleary 1995];

6. la modalità di applicazione [Asbill et al. 2000];

7. il veicolo usato determina il coefficiente di partizione tra veicolo e cute [Bodde et al. 1989].

Il flusso J dei farmaci attraverso lo strato corneo è descritto dalla 1a legge di Fick:

$$J = \frac{dQ}{dt} = \frac{D \times K_p \times C}{h}$$

dove:

- dQ/dt: rappresenta la quantità di sostanza assorbita per unità di area in un tempo infinitesimale;
- D: è il coefficiente di diffusione attraverso lo strato corneo;
- K_p: è il coefficiente di ripartizione fra cute e veicolo;
- C: rappresenta la concentrazione della sostanza nel veicolo;
- h: rappresenta lo spessore della cute.

Dalla   la legge di Fick possono essere dedotte tre strategie che permettano di aumentare la permeazione:

1.   Aumento di D;
2.   Aumento del grado di saturazione;
3.   Aumento della ripartizione del farmaco nella membrana.

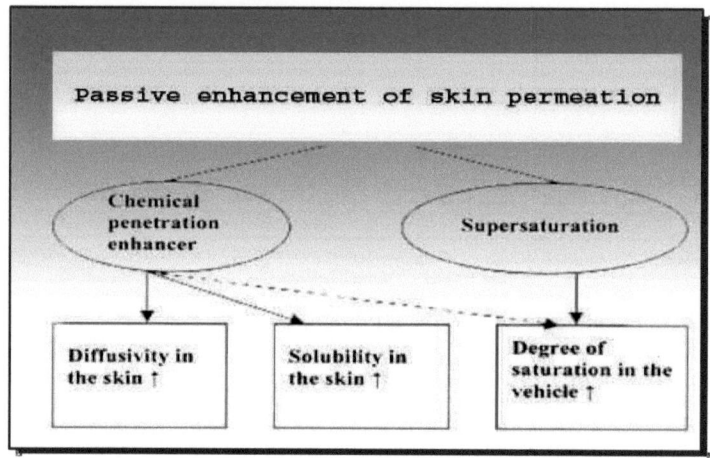

Figura 4. Strategie atte ad aumentare la penetrazione percutanea in accordo con la legge di Fick.

Tra quelli enunciati, il principale approccio per aumentare la permeazione percutanea si basa sull'interazione farmaco - veicolo e implica un effetto del veicolo sulla funzione di barriera dello strato corneo, (per es. utilizzando degli agenti che determinano una disorganizzazione della struttura della matrice lipidica intercellulare o che estraggono i lipidi dai componenti solubili dello strato corneo)[Moser et al. 2001].

Oltre ai metodi fisici e chimici riportati in letteratura, per cercare di aumentare l'assorbimento dei farmaci, nell'ultimo periodo l'interesse dei tecnologi farmaceutici si è rivolto ai penetration enhancers ossia agenti che promuovono e accelerano l'assorbimento.

Nel 1994 Shah ha sottolineato gli effetti generali dei vari enhancers sul passaggio attraverso la pelle:

- aumento della diffusibilità del farmaco nella pelle;
- fluidificazione dei lipidi dello strato corneo, che conduce ad un riduzione della funzione di barriera (azione reversibile);
- aumento e ottimizzazione dell'attività termodinamica del farmaco nel veicolo e nella pelle;
- induzione della formazione di una riserva di farmaco nella pelle;
- influenza sul coefficiente di partizione del farmaco, con conseguente rilascio della formulazione sullo strato più esterno della cute.

L'azione risultante degli enhancers deriva da uno o più degli effetti sopra enunciati [Alberti et al. 2001].

Tra i promotori di assorbimento percutaneo i più studiati sono il dimetilsulfossido, i derivati del pirrolidone, l'urea, i tensioattivi [Barry 1983] e l'azone [Swarbrick et al. 1982; De Zeeuw et al. 1990].

Tuttavia, l'inclusione di un promotore nella formulazione può incrementare l'assorbimento percutaneo non solo del principio attivo, ma anche di altri componenti del veicolo.

Inoltre, alcuni promotori, per essere efficaci, devono essere presenti nella formulazione in concentrazioni talmente elevate da causare effetti indesiderati o tossici a livello cutaneo [Woodford e Barry 1982].

Gli inconvenienti sopra esposti limitano notevolmente l'impiego pratico di promotori di assorbimento, soprattutto in formulazioni destinate ad un uso frequente come i cosmetici.

I promotori d'assorbimento ideali dovrebbero specificamente promuovere la penetrazione di composti attraverso la barriera della pelle senza, però, esibire effetti irreversibili sulle sue proprietà.

In molti casi è stata osservata una stretta correlazione tra l'aumento degli effetti terapeutici e la tossicità cutanea [Asbill et al. 2000]. Parte di questi problemi sono stati risolti dallo sviluppo di formulazioni particolari quali:

formulazioni di natura polimerica [Wallace e Innis 2002], microemulsioni [Kreilgaard 2002], emulsioni [Fingas e Fiedhouse 2003], liposomi [Fresta e Puglisi 1997], niosomi [Murdan et al. 1999], etosomi [Touitou et al. 2000].

In particolare, la nostra ricerca è stata focalizzata sulla possibilità di utilizzare una particolare categoria di microemulsioni: gli organogel di lecitina, come potenziali drug delivery systems per uso topico.

1.3. Effetto della lipofila dei farmaci sull'assorbimento percutaneo

La lipofila dei farmaci gioca un ruolo fondamentale nella permeazione attraverso la cute.

Esiste una buona correlazione tra la lipofila dei farmaci (espressa come log P) ed efficacia (espressa come aumento del flusso). [El. Kattan et al. 2001].

Molti modelli cinetici in vitro hanno dimostrato che esiste per ogni composto un valore di lipofila ottimale, prossimo a $logP_{ott}=3$, cui corrisponde un importante assorbimento percutaneo [Borràs-Basco et al. 1997].

Il valore del log P, quindi, influenza la permeazione percutanea, in quanto è indice dell'affinità del composto per lo strato corneo. In effetti, il valore del log P è importante anche nella scelta di un eventuale veicolo.

Un veicolo lipofilo tratterrà un farmaco lipofilo (ossia con log P vicino a 3) impedendone in tal modo la permeazione, mentre aumenterà la diffusione percutanea di farmaci idrofili (ossia con log P inferiore a 3).

Partendo da tale presupposto è possibile preparare formulazioni con caratteristiche chimico-fisiche diverse in funzione del principio attivo da veicolare, in modo da ottimizzarne il flusso attraverso la cute.

1.4. Organogel di Lecitina

I composti appartenenti alla classe delle lecitine sono delle molecole zwitterioniche, in cui la regione idrofobica è costituita da due acidi grassi mentre quella idrofila dal raggruppamento glicero-fosfocolinico.

16

In virtù delle caratteristiche anfotere della molecola, essa trova applicazione come agente emulsionante, detergente ecc.

Gli organogel di lecitina vengono preparati dissolvendo la lecitina in un solvente organico a temperatura ambiente sotto agitazione meccanica, addizionando poco per volta una certa quantità di fase idrofila.

La fase idrofila tende ad aumentare la viscosità della soluzione iniziale [Nasseri et al. 2003]. In particolare l'aggiunta di piccole quantità di acqua porta alla formazione di micelle sferiche inverse .L'ulteriore aggiunta di acqua porta all'allungamento delle micelle fino alla formazione di lunghissime micelle cilindriche, gli spaghetti-like-structure.

Gli spaghetti-like-structure sono microemulsioni inverse AIO senza presenza di cotensioattivo.

Quando la lecitina introdotta nella formulazione raggiunge la cosiddetta concentrazione critica, gli spaghetti-like-structure formano una rete ingarbugliata, che conferisce al sistema alta viscosità pur mantenendone la peculiare dinamicità.

Le soluzioni di lecitina devono essere estremamente pure, perché quelle a basso grado di purezza tendono a non formare gel. Il terzo componente importante è la fase idrofila.

Generalmente viene utilizzata l'acqua che però può essere anche sostituita da sostanze polari organiche come glicerolo, miscela acqua\etanolo in vari rapporti, glicole etilenico.

Gli organogel di lecitina sono sistemi termoreversibili, stabili per lungo tempo a temperatura costante.

A temperature superiori a 40°C si trasformano in liquidi a bassa viscosità, ma che si ristrutturano per raffreddamento e per agitazione della soluzione [Shchipunov et al. 2001].

Negli organogel possono essere incorporate molecole idrofile (nella fase acquosa), lipofile (nella soluzione organica di lecitina) ed anfotere (all'interfaccia olio-acqua). Pertanto gli spaghetti-like-structure potrebbero costituire una buona formulazione topica molto versatile per la veicolazione transdermica di farmaci [Sinha e Kaur 2000].

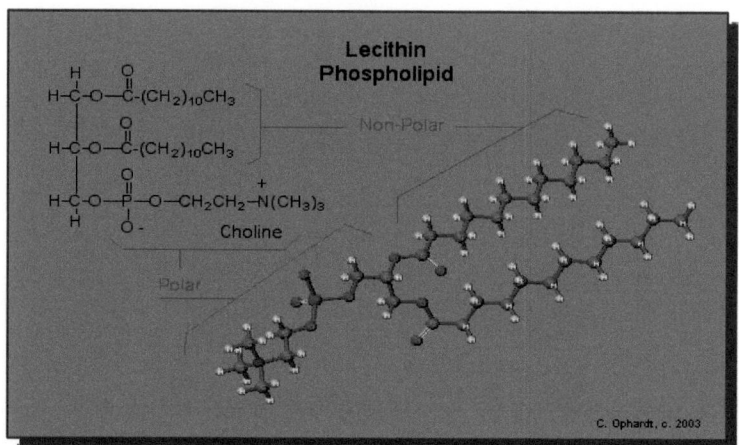

Figura 5. Formula di struttura della Lecitina.

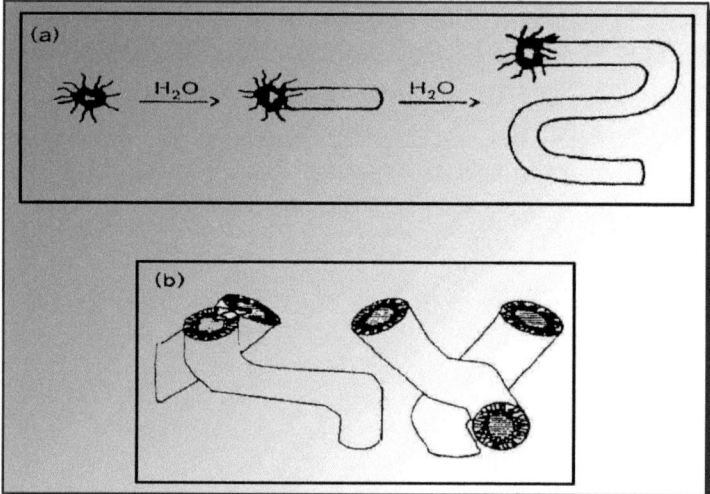

Figura 6. Struttura Organogel.

1.5. Scelta dei probe da veicolare

Le sostanze modello, utilizzate in questo studio appartengono alla serie dei nicotinati e, sono stati scelti in quanto rappresentano una serie omologa con grado di lipofilia crescente proporzionale all'aumento della catena carboniosa. Il metilnicotinato e l'etilnicotinato hanno essenzialmente caratteristiche idrofile e sono rispettivamente completamente e parzialmente solubili in acqua.

L'esilnicotinato ed il butilnicotinato hanno essenzialmente caratteristiche lipofile, sono insolubili in acqua ma solubili nei solventi organici.

Dagli studi condotti in vitro si evince che il metilnicotinato e l'etilnicotinato attraversano rapidamente lo strato corneo, raggiungendo gli strati più profondi della cute.

Gli esteri lipofili (esilnicotinato e butilnicotinato), non vengono solubilizzati nello strato corneo e penetrano molto lentamente.

L'assorbimento di questi composti è determinato dal loro coefficiente di partizione (log P) e conseguentemente dai valori di K.

La dipendenza della frazione permeante dal log P riflette la diversa affinità dei vari esteri nicotinici per lo strato corneo [Guy et al. 1986], nonché la loro capacità di ridurne la funzione di barriera [Leopold e Lippold 1995].

Figura7. Formule di struttura dei vari nicotinati: a) Metilnicotinato; b) Etilnicotinato; c) Butilnicotinato; d) Esilnicotinato.

Gli esteri dell'acido nicotinico sono delle sostanze irritanti e rubefacenti, la cui applicazione topica induce eritema cutaneo in situ.

E' stato dimostrato che l'eritema indotto è strettamente connesso al rilascio locale di PGD_2 (prostaglandine).

Il rilascio di PGD_2 non è accompagnato da quello concomitante di istamina, il che suggerisce che la liberazione di PGD_2 non è mediato dalle mast-cellule, ma da cellule confinate a livello cutaneo e strettamente connesso alla concentrazione dell'estere.Queste sostanze sono state scelte in quanto è possibile fare una correlazione tra la permeazione in vitro (mediante celle statiche di tipo Franz), e quella in vivo (mediante una metodica non invasiva quale la spettrofotometria di riflettanza).

1.6. Scopo della tesi

Lo scopo di questa tesi è stato quello di valutare l'applicabilità degli organogel per l'applicazione transdermica di farmaci.

Nella prima fase della tesi sono state messe a punto le formulazioni degli organogel in funzione delle diverse fasi idrofile utilizzate (acqua, e miscele in vari rapporti volumetrici acqua/etanolo).

Nella seconda parte si è valutata la tossicità degli organogel, il rilascio dei nicotinati dal suddetto veicolo ed infine la capacità degli organogel di veicolare delle sostanze aventi diverse caratteristiche di lipofila in vivo ed in vitro.

2.   PARTE SPERIMENTALE

2.1.   Materiali

L'Epikuron 200, fosfatidilcolina di soia al 95% (con un contenuto di acidi grassi pari al 62-66% p/p di acido linoleico, 8- 12% p/p di acido oleico, 6-8% p/p di acido linolenico e 16-20% p/p della miscela di acido palmitico e stearico), è stato fornito dalla Lucas Meyer Co.(Germany).

L'isopropilmiristato (grado di purezza 90-95%) è stato fornito dalla Fluka Chemical Co. Buchs, (Switzerland).

L'etanolo (95°) è stato fornito dalla Carlo Erba (Milano, Italia);

L'acetonitrile al 99,9% è stato fornito dalla Carlo Erba (Milano, Italia). Per l'analisi cromatografia è stata usata acqua per HPLC, ad alto grado di purezza;

Il metilnicotinato, l'etilnicotinato, l'esilnicotinato, il butilnicotinato (tutti con grado di purezza ~ 99% sono stati forniti dalla Sigma-Aldrich (Germany).

2.2.   Preparazione degli organogel di lecitina

Gli organogel di lecitina sono stati preparati aggiungendo piccole quantità di acqua ad una soluzione organica di lecitina.

La soluzione organica di lecitina è stata ottenuta agitando 520 mg circa di lecitina in 5 ml di solvente organico.

Il processo di solubilizzazione è stato condotto a temperatura ambiente per circa 24 h.

La soluzione limpida viene trasformata in gel trasparente aggiungendo, con una microsiringa, la quantità di fase idrofila calcolata in base al valore di w_0.

Il metil e l'etilnicotinato sono stati aggiunti alla fase idrofila;

L'esil e il butilnicotinato sono stati aggiunti alla fase lipofila.

I sistemi sono stati lasciati a riposo a temperatura ambiente per 24 ore prima di essere utilizzati per gli esperimenti.

2.2.1. Deteminazione dei valori di w_0

Il w_0 dei vari sistemi è stato determinato aggiungendo quantità crescenti di fase idrofila alla soluzione organica di lecitina, senza però arrivare alla separazione di fase.

Il w_0 (rapporto molare tra fase idrofila/lecitina) indica la quantità di fase idrofila che è possibile disperdere nella soluzione organica di lecitina senza che siano alterate le caratteristiche strutturali e di viscosità dei sistemi.

Nella tabella 5 sono state elencate tutte le formulazioni analizzate:

Tabella 5. Elenco delle formulazioni analizzate.

Formulazione numero	Fase idrofila	Probe
1	H_2O 3	Metilnicotinato
2	H_2O 3	Etilnicotinato
3	H_2O 3	Butilnicotinato
4	H_2O 3	Esilnicotinato
5	H_2O:EtOH 1:1	Metilnicotinato
6	H_2O:EtOH 1:1	Etilnicotinato
7	H_2O:EtOH 1:1	Butilnicotinato
8	H_2O:EtOH 1:1	Esilnicotinato
9	H_2O:EtOH 1:3	Metilnicotinato
10	H_2O:EtOH 1:3	Etilnicotinato
11	H_2O:EtOH 1:3	Butilnicotinato
12	H_2O:EtOH 1:3	Esilnicotinato
13	H_2O:EtOH 3:1	Metilnicotinato
14	H_2O:EtOH 3:1	Etilnicotinato
15	H_2O:EtOH 3:1	Butilnicotinato
16	H_2O:EtOH 3:1	Esilnicotinato

In tutte le formulazioni i nicotinati sono stati usati allo 0.2% p/p. Come riferimento è stata usata una soluzione acquosa per il metil e l'etilnicotinato, una soluzione acqua/etanolo 1:1 per l'esil ed il butilnicotinato.

2.3. Valutazione del rilascio degli esteri nicotinici dagli organogel

I profili di rilascio degli esteri nicotinici dai sistemi analizzati sono stati

24

tracciati riportando la quantità di nicotinati rilasciata in funzione del tempo.

L'esperimento è stato condotto alla temperatura di 37 °C mediante l'utilizzo di celle di diffusione statiche di tipo Franz (LGA,Berkeley,CA), ognuna delle quali era costituita da una camera, detta donor, nel cui interno è stata posta la formulazione da esaminare, e da una seconda camera, detta receptor, nella quale è stata introdotta la fase recettrice costituita da acqua distillata per MN ed EN e da una miscela acqua|etanolo (1:1) per BN ed ES.

L'esperimento è stato condotto utilizzando delle membrane di acetato di cellulosa (polimero idrofobo chimicamente inerte) le quali sono state disposte tra il donor ed il receptor.

Una quantità pari a 200 1lg di ciascuna formulazione è stata applicata, nel donor, sulla membrana di acetato di cellulosa.

Ad intervalli di tempo prefissati sono stati fatti dei prelievi di 200 1ll della fase recettrice. Ogni volta il volume prelevato è stato rimpiazzato con soluzione di fase recettrice (acqua distillata).

I campioni sono stati analizzati mediante HPLC.

2.4.   Studi di permeazione in vitro

Preparazione delle membrane di strato corneo-epidermide (SCE)

La valutazione della permeabilità cutanea in vitro degli esteri nicotinici è stata effettuata utilizzando campioni di pelle umana costituiti soltanto dallo strato corneo e dall'epidermide (SCE).

I campioni di pelle umana, utilizzati negli esperimenti di permeazione in vitro, sono stati ottenuti da interventi di chirurgia plastica riduttiva, eseguiti su soggetti adulti (età media 32 ± 7 anni) di sesso maschile, a livello della regione addominale.

Poiché l'uso di pelle intera in esperimenti di assorbimento percutaneo in vitro di sostanze lipofile può fornire risultati poco attendibili in quanto il derma si può comportare come barriera addizionale alla permeazione [Scheuplein 1976], la valutazione della permeabilità cutanea degli esteri nicotinici è stata effettuata utilizzando campioni di pelle costituiti soltanto da strato corneo ed epidermide (SCE).

La separazione di SCE dal derma è stata effettuata secondo la procedura descritta da Kligman e Christophers (1963).

In breve, i campioni di cute, dopo attenta rimozione del grasso sottocutaneo, sono stati immersi in acqua distillata a $60 \pm 1°C$ per 2 min. e, quindi, lo strato corneo e l'epidermide sono stati delicatamente rimossi dal derma sottostante con l'aiuto di un bisturi a lama smussa.

Le membrane di SCE così ottenute sono state disidratate in un essiccatore (25% RH), avvolte in fogli di alluminio e conservati alla temperatura di $4 \pm 1°C$ fino al momento dell'uso.

Tale tecnica di conservazione consente di mantenere inalterate le caratteristiche di permeabilità dei campioni di SCE per almeno 9 mesi [Scheuplein et al. 1971].

Per valutare l'integrità delle proprietà di barriera dei campioni di SCE, tali campioni sono stati sottoposti a preliminari esperimenti di permeazione in vitro impiegando acqua triziata come agente permeante.

Il valore di coefficiente di permeabilità (Kp) per l'acqua triziata determinato per i suddetti campioni era di $1.7 \pm 0.3 \times 10^{-3}$ cmlh e risultava in ottimo accordo con quello riportato da altri autori [Bronaugh et al. 1996] per campioni di SCE umano, le cui proprietà di barriera erano perfettamente integre.

2.5. Valutazione in vitro della permeazione cutanea dei nicotinati dagli organogel

Prima di procedere all'esecuzione pratica dell'esperimento, i campioni suddetti sono stati reidratati per immersione in acqua distillata, a temperatura ambiente, per 1 h [Wagner et al. 2001].

Gli esperimenti di permeazione in vitro sono stati effettuati utilizzando celle di diffusione statiche di tipo Franz (LGA, Berkeley, CA) [Fukushima et al. 2001].

Ogni cella è costituita da una camera, detta donor, nel cui interno è stata posta la formulazione, a da una seconda camera detta receptor, nella quale è stata introdotta una soluzione recettrice.

Come fase ricevente, per gli esperimenti relativi agli esteri nicotinici lipofili è stata impiegata una miscela di H_2O/etanolo (1.1 v/v), in quanto la miscela sembra favorire la solubilizzazione di principi attivi lipofili senza alterare le caratteristiche di permeabilità della cute.

Le membrane di SCE sono state poste tra il donor ed il receptor , posizionandole in modo che lo SC fosse rivolto verso il donor [Akomeah et al. 2004].

L'area della superficie di cute disponibile per la permeazione era 0.75 cm^2 mentre il volume del compartimento accettore sottostante la membrana era di 4.5 ml.

Per simulare più opportunamente le condizioni esistenti in vivo, le celle di diffusione sono state termostatate alla temperatura di 35°C per tutta la durata dell'esperimento.

Le formulazioni da analizzare sono state poste nel compartimento donatore. In particolare il metile e l'etil nicotinato sono stati solubilizzati in soluzione fisiologica, mentre il butil e l'esil nicotinato sono stati solubilizzati in una miscela diacqua:etanolo 1:1 vIv. queste soluzioni sono state utilizzate come controllo rispetto alle formulazioni a base di organogel di lecitina.

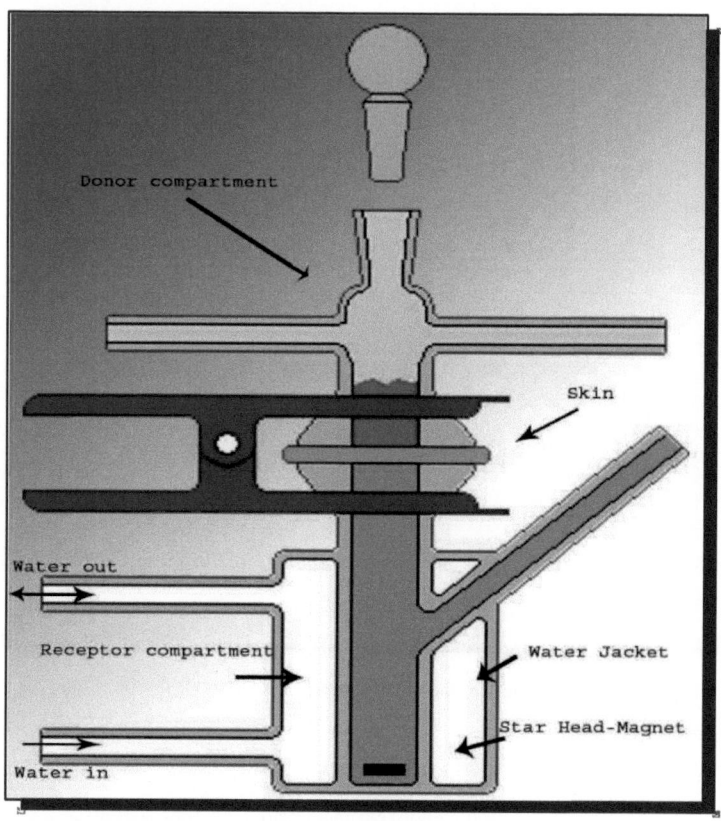

Figura 8. Cella di Franz.

Per valutare l'effetto dei vari nicotinati sulla permeazione cutanea degli organogel di lecitina sono state utilizzate formulazioni aventi tutte la stessa concentrazione di agente attivo (0.2%).

Quindi 200 µl di ciascuna formulazione da esaminare sono stati applicati sulla superficie cutanea e ad intervalli di tempo prefissati sono stati prelevati campioni (200 µl) di soluzione recettrice. I campioni sono stati analizzati all'HPLC [Solich et al. 2001].

2.6. Determinazione analitica dei nicotinati (HPLC)

I campioni provenienti dagli esperimenti di assorbimento percutaneo sono stati analizzati mediante cromatografia liquida ad alta prestazione (HPLC).

L'analisi HPLC è stata effettuata con un cromatografo liquido Hewlett Packard 1050, utilizzando una colonna in fase inversa (RP-18) Lichrospher® 100 (250 x 4 mm d.i.; 5 11m) (Merck, Darmstadt, Germany), corredata da una precolonna in fase inversa (RP-18) Lichrospher® 100 (1 x 4 mm d.i.; 5 11m) (Merck). Il rivelatore UV-VIS è stato regolato ad una λ_{max} di 218 nm per l'analisi di tutte e quattro le sostanze.

2.6.1. Determinazione del Metil-Nicotinato

La fase mobile è costituita da acetonitrile ed acqua (35/65 v/v).

Il flusso della fase mobile è stato regolato a 0,600 ml/min. Per l'analisi cromatografia, è stata preparata una soluzione madre di metilnicotinato solubilizzato in acqua per HPLC ad una concentrazione 0,0124 mg/ml.

Dalla soluzione madre sono state preparate quattro diluizioni: 1:10, 1:20, 1:50, 1:100 con cui è stata costruita una retta di calibrazione AUC-concentrazione.

In figura 12 è riportato un cromatogramma del metil nicotinato in acqua per HPLC alla concentrazione di 124 µg/ml.

Il tempo di ritenzione del metilnicotinato, alle condizioni precedentemente indicate, è di 6.234 min.

L'analisi statistica dei risultati ottenuti è stata effettuata mediante Student's t-test.

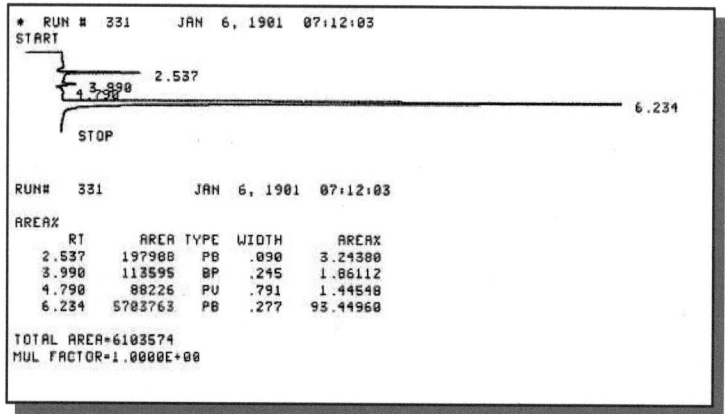

Figura 9. Cromatogramma del Metilnicotinato.

2.6.2. Determinazione dell'Etil-Nicotinato

La fase mobile è costituita da acetonitrile ed acqua (50/50,v/v).

Il flusso della fase mobile è stato regolato a 0,600 ml/min. Per l'analisi cromatografia, è stata preparata una soluzione madre di etilnicotinato solubilizzato in acqua per HPLC ad una concentrazione 0,0125 mg/ml.

Dalla soluzione madre sono state preparate quattro diluizioni: 1:10, 1:20, 1:50, 1:100 con cui è stata costruita una retta di calibrazione AUC-concentrazione.

In figura 13 è riportato un cromatogramma del etil- Nicotinato in acqua per HPLC alla concentrazione di 125 µg/ml.

Il tempo di ritenzione dell'etilnicotinato, alle condizioni precedentemente indicate, è di 5.912 min. L'analisi statistica dei risultati ottenuti è stata effettuata mediante Student's t-test.

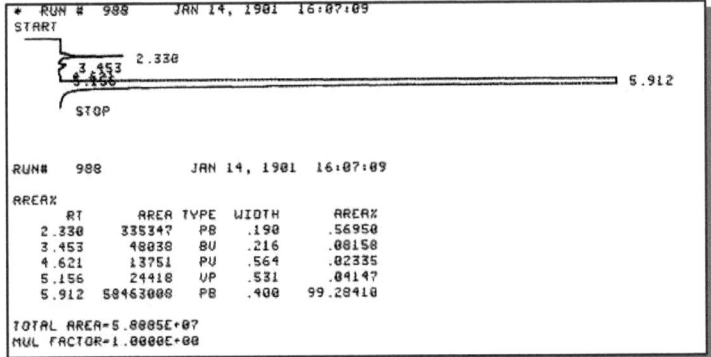

Figura 10. Cromatogramma dell'Etilnicotinato.

2.6.3. Determinazione del Butil-Nicotinato

La fase mobile è costituita da acetonitrile ed acqua (65/35, v/v). Il flusso della fase mobile è stato regolato a 0,800 ml/min.

Per l'analisi cromatografia, è stata preparata una soluzione madre di butilnicotinato solubilizzato acetonitrile per HPLC ad una concentrazione 0,0125 mg/ml.

Dalla soluzione madre sono state preparate quattro diluizioni: 1:10, 1:20, 1:50, 1:100 con cui è stata costruita una retta di calibrazione AUC-concentrazione.

In figura 14 è riportato un cromatogramma del butilnicotinato in acetonitrile per HPLC alla concentrazione di 125 μg/ml.

Il tempo di ritenzione del butilnicotinato, alle condizioni precedentemente indicate, è di 5.502 min.

L'analisi statistica dei risultati ottenuti è stata effettuata mediante Student's t-test.

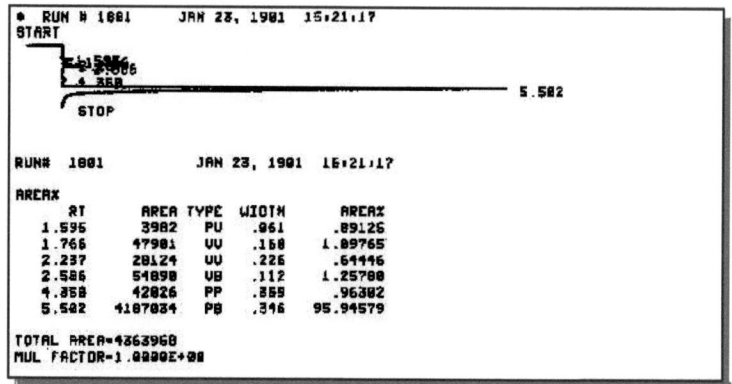

Figura 11. Cromatogramma del Butilnicotinato.

2.6.4. Determinazione dell'Esil-Nicotinato

La fase mobile è costituita da acetonitrile ed acqua (75/25, v/v).Il flusso della fase mobile è stato regolato a 0,800 ml/min.

Per l'analisi cromatografia, è stata preparata una soluzione madre di esilnicotinato solubilizzato acetonitrile per HPLC ad una concentrazione 0,0125 mg/ml.

Dalla soluzione madre sono state preparate quattro diluizioni: 1:10, 1:20, 1:50, 1:100 con cui è stata costruita una retta di calibrazione AUC-concentrazione.

In figura 15 è riportato un cromatogramma dell'esilnicotinato in acetonitrile per HPLC alla concentrazione di 125 µg/ml.

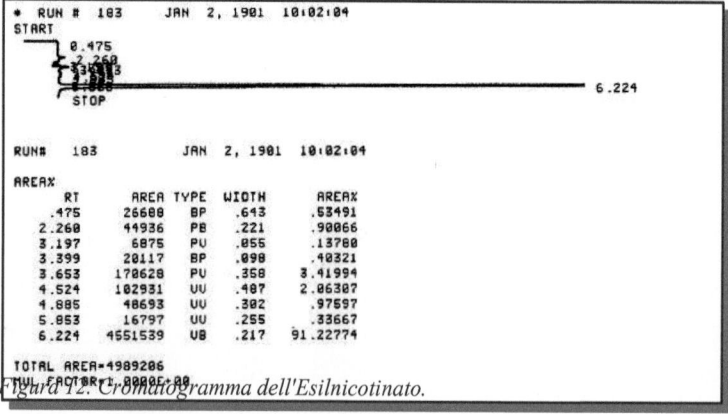

Figura 12. Cromatogramma dell'Esilnicotinato.

Il tempo di ritenzione dell'esilnicotinato, alle condizioni precedentemente indicate, è di 6.224 min.l'analisi statistica dei risultati ottenuti è stata effettuata mediante Student's t-test.

2.7. Valutazione in vivo degli organogel di lecitina

Per valutare le potenzialità applicative degli organogel di lecitina è stata utilizzata una metodica in vivo non invasiva quale la spettrofotometria di riflettanza.

Questa metodica è in grado di rilevare eventuali variazioni cromatiche della cute (dovute alla variazione dei due cromofori fisiologicamente presenti a livello della cute umana cioè la melanina e l'emoglobina).

In particolare in questa tesi sperimentale è stata valutata la presenza, l'intensità e la durata del processo eritematogeno mediante uno spettrofotometro di riflettanza a sfera della serie SP60 (X-Rite Incorporated, USA.).

Lo strumento è stato calibrato secondo uno standard di bianco conforme a quanto previsto dal National Bureau of Standards, utilizzando una sorgente di illuminazione C ed un angolo di osservazione di 2°.

Lo spettrofotometro è stato collegato con un personal computer che è stato in grado di elaborare gli spettri di riflettanza della pelle nella regione 400-700 nm, mediante un software fornito in dotazione con lo strumento (Spectrostart).

In Figura 13 sono riportati gli spettri di riflettanza ottenuti per un singolo soggetto e relativi a due siti cutanei, di cui uno in cui si è scatenato eritema (curva b) e l'altro prima della formazione dell'eritema (curva a).

Come è possibile constatare dalla curva b, lo spettro di riflettanza di un sito cutaneo in cui si è scatenato l'eritema mostra due bande di assorbimento: una singola vicino a 400 nm e l'altra doppia compresa tra 500 e 600 nm, relative all'assorbimento dell'emoglobina.

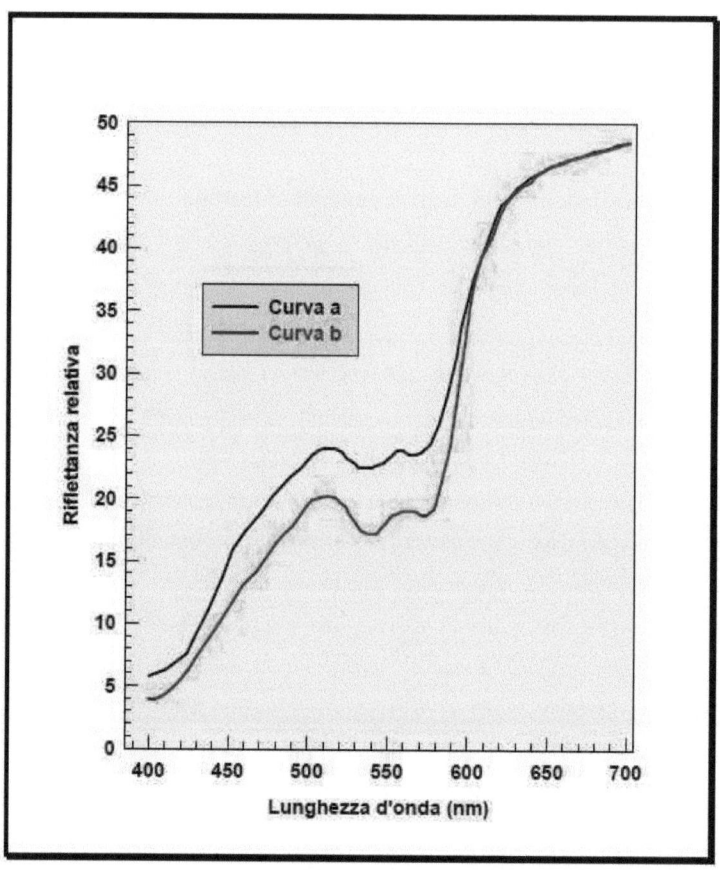

Figura 13. Spettri di riflettanza diffusa su campioni di pelle prima (curva a) o dopo trattamento con una formulazione eritematogena (curva b).

Dai dati spettrali, forniti dallo strumento, è stato possibile calcolare il valore dell'indice di eritema (I.E.) in funzione del tempo per ciascun sito cutaneo testato.

I valori di I.E., che rappresentano un importante parametro [Dawson et al. 1980] per monitorare quantitativamente l'eritema cutaneo, sono stati calcolati utilizzando l'equazione sotto riportata:

34

$$I.E. = 100\left[\log\frac{1}{R_{560}} + 1.5\left(\log\frac{1}{R_{540}} + \log\frac{1}{R_{580}}\right) - 2\left(\log\frac{1}{R_{510}} + \log\frac{1}{R_{610}}\right)\right]$$

In questa equazione vengono sommati i valori dei logaritmi del reciproco della riflettanza alle lunghezze d'onda di 540 nm, 560 nm e 580 nm, che rappresentano i picchi di assorbimento dell'emoglobina, mentre vengono sottratti i corrispondenti valori alle lunghezze d'onda di 510 nm e 610 nm, il cui assorbimento è dovuto principalmente alla presenza della melanina.

I valori di base dell'I.E., determinati per ciascun sito prima del trattamento con la formulazione in esame (baseline), vengono sottratti ai valori di I.E. calcolati in funzione del tempo per lo stesso sito.

In questo modo si ottengono delle curve, le cui aree (AUC) rivestono particolare importanza nella valutazione dell'eritema.

Infatti, le aree sono direttamente proporzionali all'intensità ed alla durata dell'eritema e, quindi, alla tossicità cutanea delle diverse formulazioni.

2.7.1. Valutazione della tossicità in vivo degli organogel

Per valutare la tossicità degli organogel sono state effettuate delle prove in vivo su 15 volontari sani di entrambi i sessi e di età compresa tra i 23 ed i 32 anni.

I partecipanti sono stati precedentemente informati della natura dello studio e dello svolgimento del test. I consensi informati sono a tuttoggi conservati nei nostri laboratori di ricerca.

La tossicità è stata valutata mediante spettrofotometria di riflettanza, valutando la presenza, l'intensità e la durata del processo eritematogeno indotto sulla cute dalla formulazione in esame.

Sulla parte interna di entrambi gli avambracci di ogni soggetto sono stati demarcati 4 siti (2 per ogni avambraccio) di 1 cm^2.

Successivamente, mediante spettrofotometro di riflettanza si sono effettuate le misurazioni della riflettanza di ogni sito in esame prima di ogni trattamento (baseline).

Successivamente due siti sono stati trattati con i diversi organogel mediante dei patches (Hill Top Chambers, Hill, Ohio) avente un'area superficiale di 1cm^2. Due siti sono stati trattati con patches contenente soluzione fisiologica (0.9% NaCl) come controllo.

Dopo 6, 10, 24 e 48 ore dall'applicazione delle formulazioni in esame sono state fatte le misurazioni dell'eritema eventualmente prodotto in seguito all'applicazione delle formulazioni.

2.7.2. *Valutazione della permeazione in vivo degli esteri nicotinici dai vari organogel*

Per valutare la permeazione dei nicotinati in vivo sono state effettuate delle prove su sei volontari sani, precedentemente informati della natura dello studio e dello svolgimento del test. I consensi informati sono a tuttoggi conservati nei nostri laboratori di ricerca. Il protocollo sperimentale seguito è stato il seguente: sono stati demarcati 4 siti per avambraccio di 1 cm^2.

È stata effettuata la baseline prima del trattamento su ogni sito; quindi si è proceduto all'applicazione dei patches medicati con i diversi sistemi contenenti i nicotinati. Il trattamento è stato effettuato in doppio. Due siti sono stati lasciati non trattati come controllo.

A tempi predeterminati (fino a scomparsa dell'eritema) sono state effettuate le letture al fine di monitorare l'eritema.

3.   RISULTATI E DISCUSSIONE

In questa tesi sperimentale abbiamo preso in considerazione una particolare classe di microemulsioni A/O, gli organogel di lecitina, che presentano il vantaggio di essere altamente biocompatibili sia grazie alla natura dei componenti (lecitina di soia, esteri di acidi grassi e acqua), sia grazie all'assenza del cotensioattivo.

Gli organogel di lecitina si formano spontaneamente, aggiungendo piccole quantità di fase idrofila ad una soluzione organica di lecitina. La formazione dell'organogel è accompagnata da un aumento di viscosità che può essere spiegato dalla formazione di lunghe micelle cilindriche.

In particolare abbiamo preso in considerazione organogel preparati con acqua o con miscele di acqua ed etanolo in diversi rapporti. Un parametro caratteristico di questi sistemi carrier è il w_0 che indica la quantità di fase idrofila che è possibile aggiungere alla fase organica, con conseguente aumento della viscosità. In tabella 6 sono riportati i dati relativi ai valori del w_0 dei vari sistemi calcolati sperimentalmente. Come è evidente la fase idrofila influenza in modo significativo il valore di w_0. dal momento che le varie molecole (acqua o etanolo) vanno a formare legami secondari con la lecitina in maniera differente, variando quindi il rapporto stechiometrico tra i vari componenti.

Un aumento del w_0, dei sistemi contenenti come fase idrofila acqua/etanolo in diversi rapporti si traduce con un aumento delle quantità di fase idrofila presente nel sistema e quindi con la possibilità di inglobare una maggiore quantità di farmaco idrofilo. Inoltre utilizzando una miscela di acqualetanolo si ha la possibilità di poter aumentare la solubilità di farmaci poco solubili in acqua e quindi fare in modo che anche questi siano presenti in quantità maggiore nella fase idrofila del sistema.

Tabella 6. W_0 dei diversi organogel preparati.

Acqua	3
H₂O/Et-OH (1:1)	180
H₂O/Et-OH (1:3)	232
H₂O/Et-OH (3:1)	105
Etanolo	*

(questo sistema non è stato analizzato in quanto non si è notato un aumento considerevole di viscosità, il che vuol dire che non si ha la formazione delle lunghe micelle cilindriche e quindi degli organogel).

3.1. Valutazione in vivo della tossicità degli organogel

Uno dei parametri fondamentali da valutare quando si progetta un nuovo veicolo per applicazione topica è il potere eritematogeno che può derivare in seguito all'applicazione sulla pelle

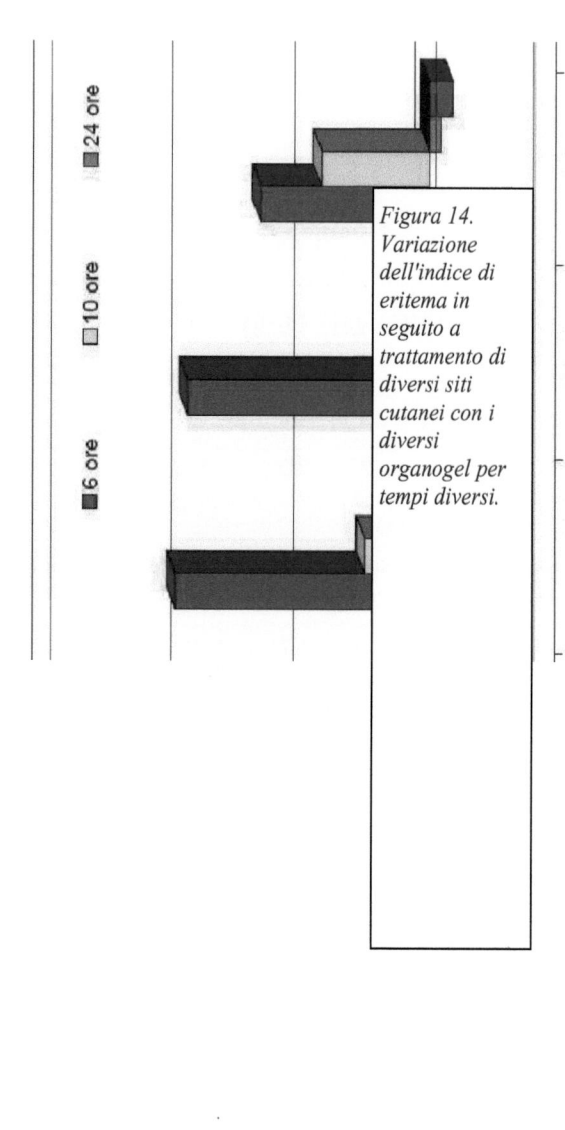

Figura 14. Variazione dell'indice di eritema in seguito a trattamento di diversi siti cutanei con i diversi organogel per tempi diversi.

Nella Figura 14 sono riportati i risultati degli esperimenti sulla tollerabilità sull'uomo dopo 6, 10, 24, e 48 ore di applicazione.

I dati relativi all'indice di eritema misurati al termine dei vari set di esperimenti non mostrano alcuna differenza significativa rispetto ai siti controllo e ai siti non trattati. Questi dati sono molto importanti in quanto indicano che tutti i sistemi analizzati hanno mostrato un'elevata tollerabilità in vivo.

In particolare è da notare che nonostante in letteratura [Kanikkannan e Singh 2002] sia ampiamente riportato l'effetto disorganizzante dell'etanolo sulla pelle, non si nota in vivo alcun effetto tossico anche nel caso degli organogel contenenti come fase idrofila elevate quantità di etanolo. Questo dato può essere spiegato facilmente, e costituisce un ulteriore conferma del fatto che gli organogel sono strutturati sotto forma di una rete continua di lunghe micelle ingarbugliate, all'interno delle quali la lecitina e la fase organica sono strettamente serrate con la fase idrofila.

Inoltre è da evidenziare che negli esperimenti condotti per 24 e 48 ore si assiste ad una variazione negativa dell'indice di eritema, che può essere interpretato come un effetto blenching della pelle correlato all'aumento dell'idratazione cutanea dovuta sia alla presenza della lecitina sia al fatto che gli organogel sono dei veicoli lipofili e quindi in grado di aumentare l'idratazione per effetto occlusivo.

3.2.   Valutazione dei profili di rilascio dei nicotinati

Per valutare l'influenza del veicolo sul rilascio delle sostanze veicolate in funzione della loro lipofilia abbiamo condotto degli esperimenti di rilascio mediante celle statiche di permeazione di tipo Franz. Nelle Figure 15, 16, 17, 18 sono riportati i profili di rilascio dei diversi nicotinati dai vari organogel presi in considerazione.

In Figura 15 sono riportati i profili di rilascio del MN dai diversi organogel. Tutti i sistemi mostrano un profilo di rilascio simile come andamento, ma, alla fine dell'esperimento, le quantità rilasciate dai vari organogel è risultata quantitativamente diversa (56% dall'organogel contenente acqua come fase idrofila, 42.13% dall'organogel contenente una miscela acqua/etanolo in rapporto 1l1 come fase idrofila, 38.4% dall'organogel contenente una miscela acqua/etanolo in rapporto 1/3, 46% dall'organogel contenente una miscela acqua/etanolo in rapporto 3/1). Questo fatto indica che il rilascio è migliore nel sistema che contiene acqua come fase idrofila, probabilmente a causa di una interazione molecolare più debole rispetto ai sistemi contenenti etanolo.

In Figura 16 sono riportati i profili di rilascio dell'EN dai vari organogel. Anche in questo caso i vari organogel presentano dei profili di rilascio molto simili tra di loro sia come andamento sia come quantità rilasciata nelle 24 ore (3.11%, 5.33%, 5.62%, 4.84% rispettivamente per l'organogel contenente acqua, acqua/etanolo 1/1, acqua/etanolo 1/3, acqua/etanolo 3/1). Inoltre nel caso di questa sostanza la quantità rilasciata è molto più bassa rispetto al MN. Questo dato sperimentale indica che l'affinità della sostanza (che presenta caratteristiche amfifiliche) nei confronti di questo veicolo lipofilo è elevata, inoltre date le caratteristiche amfipatiche della sostanza è presumibile che si vada ad interporre all'interfaccia tra fase oleosa e acquosa rimanendo strettamente ancorata durante tutta la fase del rilascio.

In Figura 17 sono riportati i profili di rilascio del BN, che non risultano essere influenzati dal tipo di organogel considerato. In questo caso le quantità di sostanza rilasciata è significativamente influenzata dalla fase idrofila che costituisce gli organogel (62.9%, 76.6%, 76.7%, 56.1% rispettivamente per l'organogel contenente acqua, acqua/etanolo 1/1, acqua/etanolo 1/3, acqua/etanolo 3/1). In questo caso gli organogel che assicurano un migliore rilascio del BN (sostanza lipofila) sono i sistemi contenenti etanolo in maggiore quantità; inoltre a differenza delle precedenti due sostanze, che presentano il rilascio massivo nelle prime sette ore dell'esperimento a cui fa seguito un plateau, il BN viene rilasciato in modo graduale per tutta la durata dell'esperimento.

In Figura 18 sono riportati i profili di rilascio dell'ES, anche in questo caso i profili sono similari per tutti i veicoli, e le quantità di ES (19.1%, 37.5%, 28.8%, 31.75%, rispettivamente per l'organogel contenente acqua, acqua/etanolo 1/1, acqua/etanolo 1/3, acqua/etanolo 3/1) indicano che la sostanza viene rilasciata più facilmente dai sistemi contenenti etanolo.

Analizzando i dati relativi ai rilasci è possibile affermare che in realtà il veicolo influenza significativamente il rilascio della sostanza in esso contenuto in funzione delle caratteristiche di idrofilia-lipofilia del farmaco stesso.

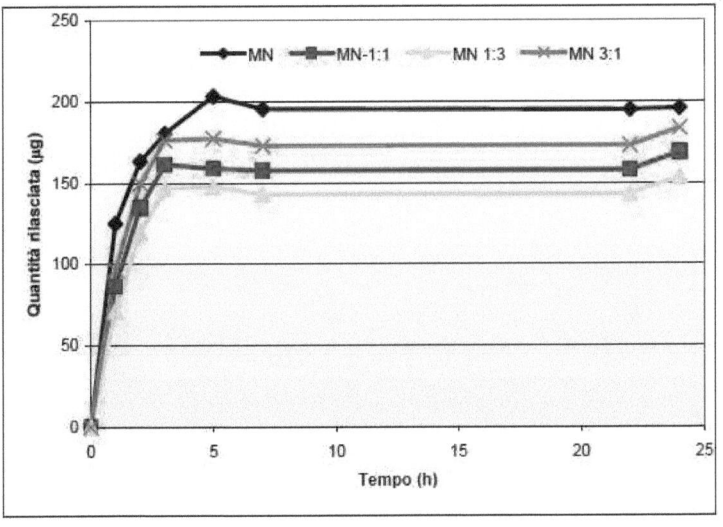

Figura 15. Profili di rilascio del Metilnicotinato dagli organogel di lecitina preparati utilizzando, come fase idrofila, acqua (-), miscela acqua/etanolo 1:1 (-), miscela acqua/etanolo 1:3 ( ); miscela acqua/etanolo 3:1 (-).

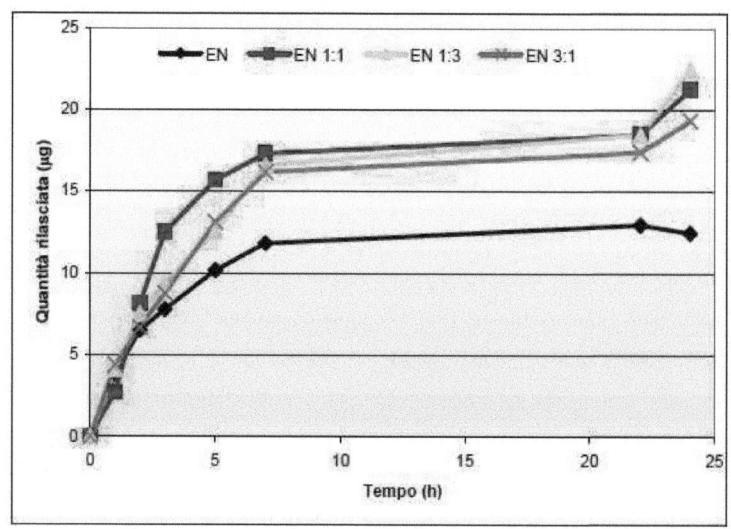

Figura 16. Profili di rilascio dell' Etilnicotinato dagli organogel di lecitina preparati utilizzando, come fase idrofila, acqua (-), miscela acqua/etanolo 1:1 (-), miscela acqua/etanolo 1:3 ( ); miscela acqua/etanolo 3:1 (-).

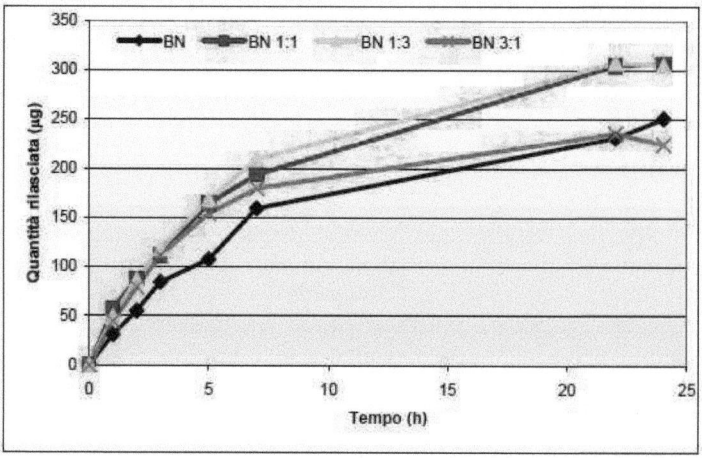

Figura 17. Profili di rilascio del Butilnicotinato dagli organogel di lecitina preparati utilizzando, come fase idrofila, acqua (-), miscela acqua/etanolo 1:1 (-), miscela acqua/etanolo 1:3 ( ); miscela acqua/etanolo 3:1 (-)

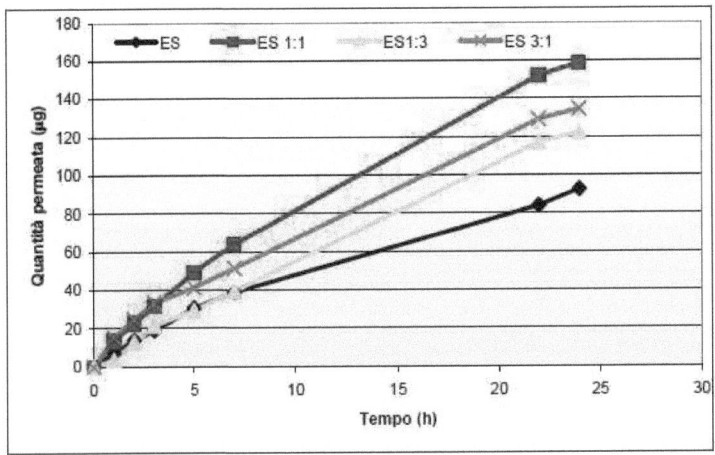

Figura 18. Profili di rilascio dell'Esilnicotinato dagli organogel di lecitina preparati utilizzando, come fase idrofila, acqua (-), miscela acqua/etanolo 1:1 (-), miscela acqua/etanolo 1:3 ( ); miscela acqua/etanolo 3:1 (-)

3.3. Valutazione in vitro dei profili di permeazione dei nicotinati

L'assorbimento percutaneo di un farmaco è influenzato significativamente da diversi fattori. In particolare abbiamo voluto porre la nostra attenzione sull'influenza del veicolo e della lipofilia del farmaco.

Nelle figure 19, 20, 21, 22, sono riportati i grafici relativi alle permeazioni dei vari nicotinati dai diversi organogel presi in esame e dei controlli che erano costituiti da soluzioni (acquose o idro-alcooliche) alla stessa percentuale in nicotinati dei vari organogel (0.2% p/p). In Figura 19 è riportato il profilo di permeazione del MN ed indica che l'entità della permeazione dalla soluzione acquosa è del 16.8% mentre è del 40%, 43.20%, 30.1%, 47,5% rispettivamente per gli organogel contenente acqua, acqua/etanolo 1/1, acqua/etanolo 1/3, acqua/etanolo 3/1); inoltre nella soluzione acquosa il MN permea attraverso la pelle durante la prima ora dell'esperimento e non subisce ulteriori incrementi nel corso dell'esperimento, invece gli organogel mostrano dei profili diversi.

In Figura 20 sono riportati i profili di permeazione dell'EN dalle diverse formulazioni prese in esame. Tutte le formulazioni presentano delle permeazioni molto basse (<5%); l'organogel preparato con acqua come fase idrofila, ha mostrato la minore permeazione nell'arco delle 24 ore (1.7%), mentre l'organogel contenente etanolo in maggiore quantità ha incrementato maggiormente la permeazione (4.4%).

In Figura 21 è possibile evidenziare che le permeazioni del BN variano al variare dell'organogel. In tutti i casi si ha un miglioramento della permeazione rispetto alla soluzione di riferimento.

In Figura 22 sono riportati i profili di permeazione dell'ES; in questo caso è da notare che la quantità permeata dagli organogel contenenti etanolo (25% v/v e 75% v/v) non è stata rilevabile con la metodica HPLC utilizzata.

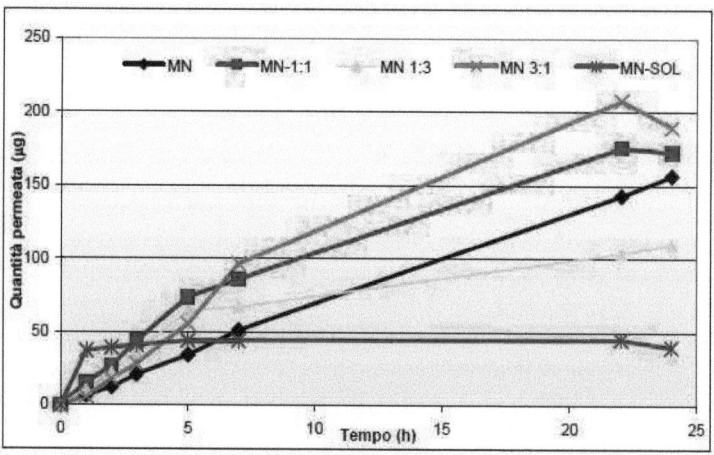

Figura 19. Profili di permeazione del metilnicotinato dagli organogel di lecitina preparati utilizzando, come fase idrofila, acqua (-), miscela acqua/etanolo 1:1 (-), miscela acqua/etanolo 1:3 ( ); miscela acqua/etanolo 3:1 (-), e dalla soluzione acquosa di riferimento (-)

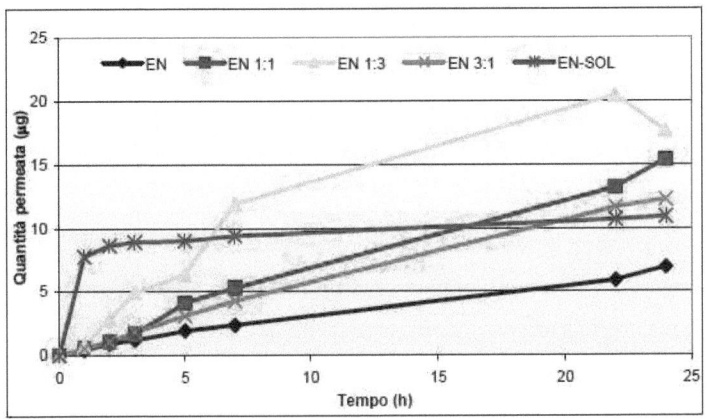

Figura 20. Profili di permeazione dell'etilnicotinato dagli organogel di lecitina preparati utilizzando, come fase idrofila, acqua (-), miscela acqua/etanolo 1:1 (-), miscela acqua/etanolo 1:3 ( ); miscela acqua/etanolo 3:1 (-), e dalla soluzione acquosa di riferimento (-).

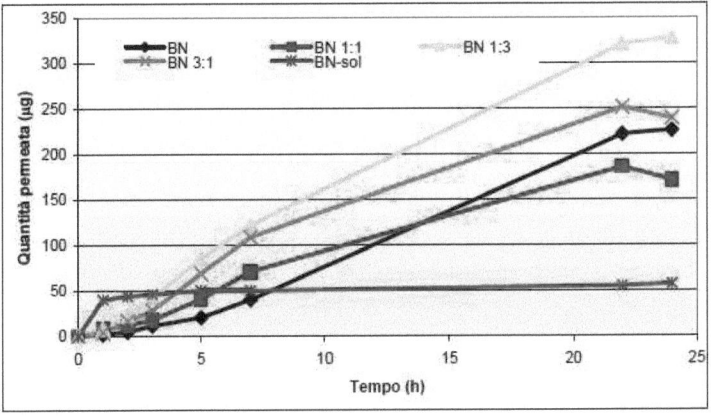

Figura 21. Profili di permeazione del butilnicotinato dagli organogel di lecitina preparati utilizzando, come fase idrofila, acqua (-), miscela acqua/etanolo 1:1 (-), miscela acqua/etanolo 1:3 ( ); miscela acqua/etanolo 3:1 (-), e dalla soluzione idroalcoolica di riferimento (-).

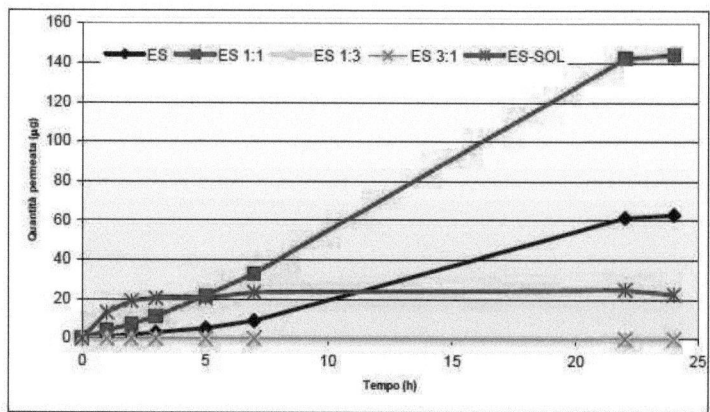

Figura 22. Profili di permeazione dell'esilnicotinato dagli organogel di lecitina preparati utilizzando, come fase idrofila, acqua (-), miscela acqua/etanolo 1:1 (-), miscela acqua/etanolo 1:3 ( ); miscela acqua/etanolo 3:1 (-), e dalla soluzione idro-alcoolicadiriferimento (-).

3.4.   Valutazione dei profili di permeazione   in vivo dei nicotinati

La possibilità di valutare saggi in vivo direttamente sull'uomo utilizzando metodiche non invasive è un importante strumento in grado di fornire dati rilevanti quando si progettano dei veicoli destinati all'applicazione topica.

In questa tesi abbiamo effettuato una valutazione mediante spettrofotometria di riflettanza, metodica che è in grado di monitorare le variazioni cromatiche della pelle, e di conseguenza la permeazione di sostanze in grado di determinarle.

Per valutare l'influenza del veicolo sulla permeazione dei farmaci abbiamo scelto una serie omologa di esteri dell'acido nicotinico, dal momento che queste sostanze sono eritematogene e quindi facilmente monitorabili in vivo.

In Figura 23 sono riportate le variazioni dell'indice di eritema in funzione del tempo registrate in seguito all'applicazione degli organogel contenenti MN. La soluzione acquosa, utilizzata come riferimento ha mostrato un eritema durante la prima ora dell'esperimento, e successivamente, un rapido declino dell'eritema stesso. Questo dato indica che il MN permea solo durante la prima ora dell'esperimento. Tra gli organogel, tutti hanno mostrato un eritema più duraturo nel tempo, ma in particolare quelli che contengono etanolo in quantità maggiori sono stati in grado di assicurare un eritema protratto nel tempo (fino a nove ore).

In Figura 24 sono riportate le variazioni dell'indice di eritema in funzione del tempo relative all'applicazione dei sistemi contenenti EN.

In questo caso gli organogel hanno mostrato dei processi eritematogeni non significativamente diversi tra di loro, e rispetto alla soluzione di riferimento, rispecchiando a pieno l'andamento evidenziato sia nelle prove di rilascio, che nelle prove di permeazione in vitro.

In Figura 25 sono stati riportati i profili di indice di eritema in funzione del tempo relativi all'applicazione delle formulazioni contenenti BN: in questo caso la soluzione idro-alcoolica di riferimento ha fornito un eritema solo modestamente apprezzabile mediante spettrofotometria di riflettanza. Tutti gli organogel hanno presentato un aumento significativo dell'entità di eritema indotto. In particolare i sistemi contenenti etanolo hanno mostrato dei profili similari, evidenziando un massimo di eritema nelle prime due ore dell'esperimento, e garantendo un eritema apprezzabile per un tempo di dieci ore nel caso dell'organogel che contiene la maggiore quantità di etanolo. L'organogel contenente solo acqua come fase idrofila invece ha mostrato il picco massimo di eritema dopo 4 ore, cui segue una rapida diminuzione dell'eritema stesso.

Infine la Figura 26 mostra i profili di indice di eritema che derivano dall'applicazione dei sistemi contenenti ES: in questo caso gli organogel contenenti miscele acqua-etanolo (1/3, 3/1) non danno, durante tutto l'esperimento variazioni di indice di eritema significativi, dato che conferma il comportamento evidenziato in vitro. In questo caso si ha un aumento significativo dell'indice di eritema nel caso dell'organogel, contenente come fase idrofila acqua. L'eritema compare dopo la quarta ora e si mantiene marcatamente presente fino alla decima ora.

Questi risultati analizzati nel complesso indicano che c'è una perfetta corrispondenza tra i dati derivanti dai profili di rilascio, dalle prove di permeazione in vitro e dalla valutazione dell'effetto in vivo. Infatti in ogni singolo veicolo analizzato lo step che regola l'assorbimento risulta essere il rilascio dal veicolo e non la permeazione attraverso lo strato corneo. Questo aspetto ci indica che al variare delle caratteristiche chimico-fisiche della sostanza contenuta negli organogel variano le interazioni tra sostanza, fase idrofila, fase organica e lecitina.

Da questi dati è possibile affermare che gli organogel sono dei veicoli molto versatili, e che in funzione della formulazione scelta, è possibile ottenere dei miglioramenti diversi in termini di rilascio di farmaco.

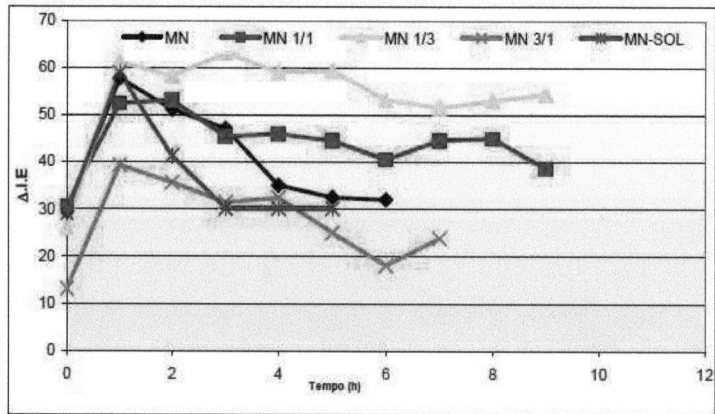

Figura 23. Variazione dell'indice di eritema in funzione del tempo in seguito alla somministrazione degli organogel di lecitina contenenti metilnicotinato preparati utilizzando, come fase idrofila, acqua (-), miscela acqua/etanolo 1:1 (-), miscela acqua/etanolo 1:3 ( ); miscela acqua/etanolo 3:1 (-), e dalla soluzione acquosa di

riferimento (-).

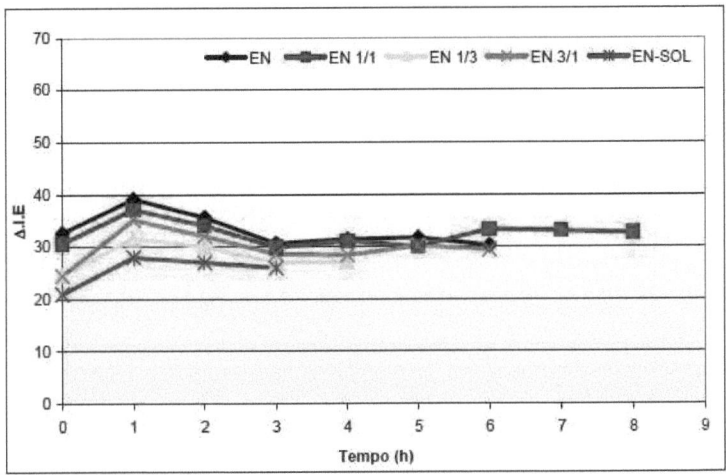

Figura 24. Variazione dell'indice di eritema in funzione del tempo in seguito alla somministrazione degli organogel di lecitina contenenti etilnicotinato preparati utilizzando, come fase idrofila, acqua (-), miscela acqua/etanolo 1:1 (-), miscela acqua/etanolo 1:3 ( ); miscela acqua/etanolo 3:1 (-), e dalla soluzione acquosa di riferimento (-).

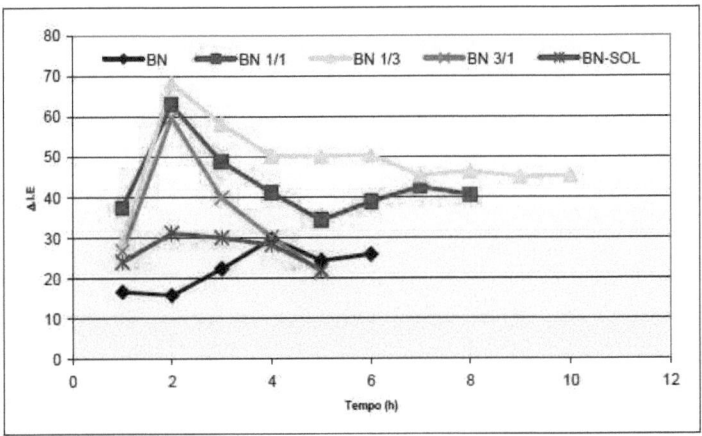

Figura 25. Variazione dell'indice di eritema in funzione del tempo in seguito alla

somministrazione degli organogel di lecitina contenenti butilnicotinato preparati utilizzando, come fase idrofila, acqua (-), miscela acqua/etanolo 1:1 (-), miscela acqua/etanolo 1:3 ( ); miscela acqua/etanolo 3:1 (-), e dalla soluzione acquosa di riferimento (-).

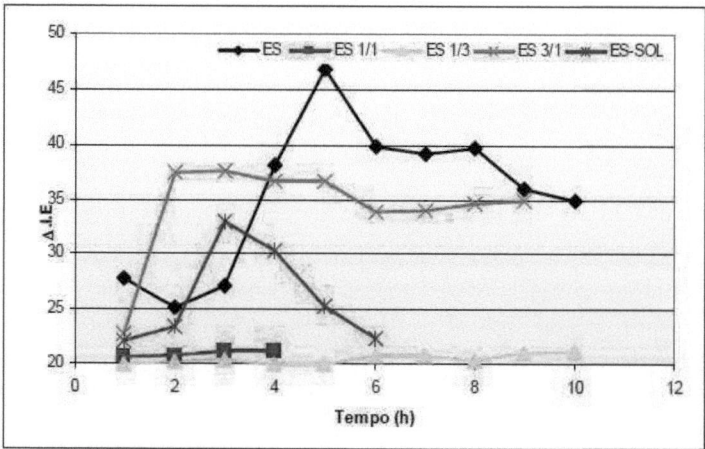

Figura 26. Variazione dell'indice di eritema in funzione del tempo in seguito alla somministrazione degli organogel di lecitina contenenti esilnicotinato preparati utilizzando, come fase idrofila, acqua (-), miscela acqua/etanolo 1:1 (-), miscela acqua/etanolo 1:3 ( ); miscela acqua/etanolo 3:1 (-), e dalla soluzione acquosa di riferimento (-).

4. CONCLUSIONI

La preparazione degli organogel a base di surfactanti lecitinici ha portato alla formazione di formulazioni che presentano una viscosità tale da poter essere applicate facilmente sulla pelle.

Le prove di tollerabilità effettuata su volontari umani, hanno messo in evidenza l'assenza di azione eritematogena quando applicate sulla pelle, condizione indispensabile per poter ipotizzare una possibile applicazione topica.

I profili di rilascio hanno messo in evidenza che gli andamenti sono diversi in funzione della lipofilia del farmaco.

Le prove di permeazione in vitro hanno dimostrato che questi sistemi migliorano significativamente i profili di permeazione di tutti i nicotinati presi in considerazione: in particolare modo questo aspetto è più marcato nel caso di molecole lipofile che presentano delle permeazioni, quando veicolate in soluzione molto basse.

Le prove effettuate in vivo confermano i dati precedenti: in ogni caso si assiste ad un aumento significativo dell'indice di eritema chimicamente indotto dai nicotinati.

L'aumentata permeazione non può essere attribuita solamente all'azione di penetration enhancers posseduta dall'etanolo, ma è da attribuire principalmente ad una interazione tra la lecitina e i costituenti lo strato corneo.

In conclusione, dai dati sperimentali ottenuti possiamo dire che questi sistemi risultano essere molto promettenti per la veicolazione transdermica di agenti che presentano varie caratteristiche di lipofilia.

5. BIBLIOGRAFIA

Akomeah F., Nazir T., Martin G.P., Brown M.B. Effect of heat on the percutaneous absorption and skin retention of three model penetrants. Eur. J. Pharm. Sci., 21 (2-3) (2004) 337-45;

Alberti I., Kalie Y.N., Naik A., Bonny J.D., Guy R.H. Non- invasive in vivo assessment of the enhanced topical delivery of terbinafine to human stratum corneum in vivo. J. Control. Release 71 (2001) 319-327;

Amorosa M., Principi di Tecnica Farmaceutica. Libreria Universitaria L. Tinarelli- Bologna (1998): 312-340;

Asbill C.S., Michniak B.B. Percutaneous penetration enhancers: local versus transdermal activity. Pharm. Sci. Technol. 3 (1) (Today 2000 Jan) 36-41;

Bagwe R.P., Kanicky J.R., Palla B.J., Patanjali P.K., Shah D.O. Improved drug delivery using microemulsions:rationale, recent progress. And new Horizons. Crit. Rev. Ther. Drug Carrier Syst. 18 (1) (2001) 77-140;

Barry B.W. Action of skin penetration enhancers - the lipid protein partitioning theory. Int. J. Cosmet. Sci. 10 (1988) 281-93;

Barry B.W. Dermatological Formulations: Percutaneous Absorption. Dekker, New York, (1983);

Barry B.W. Novel mechanisms and devices to enable successful transdermal drug delivery. Eur. J. Pharm. Sci. 14 (2) (2001) Sep: 101-14;

Barry B.W., Williams A.C. Permeation enhancement through skin. Encyclopedia of Pharmaceutical Technology, 11 (1995) 449-93,

Bodde H.E., Verhoeven J., van Driel L.M. The skin compliance of transdermal drug delivery systems. Crit. Rev. Ther. Drug Carrier Syst., 6 (1) (1989 87) 115;

Borràs-Basco J., Lopez A., Morant M.J., Diez-Sales O., Herraez- Dominguez. Influence of sodium lauryl sulphate on the in vitro percutaneous absorption of compounds with different lipophilicity. European Journal of Pharmaceutical Sciences, 5(1997) 15-22;

Bouwstra J.A., Honeywell-Nguyen P.L., Gooris G.S., Ponec M. Structure of the skin barrier and its modulation by vesicular formulations. Prog.Lipid Res., 42 (1) (2003 Jan) 1-36;

Bronaugh R.L. In vitro viable skin model. Pharm. Biotechnol., 8 (1996) 375-386;

Casarett & Doull's. Tossicologia, 5^a ed., Ed. E.M.S.I. (2000), Roma;

Dawson J.B., Barker D.J., Ellis D.J., Grassam E., Catterill J.A., Fisher G.W., Feather J.W. A theoretical and experimental study of light absorption and scattering by "in vivo " skin. Phys. Med. Biol., 25 (1980) 696-709;

De Zeeuw R.A., Herde R.E., Wiechers J.W., Drenth B.F. Metabolic conversion of cyoctol during skin passage in humans. Pharm. Res., 7(6) (1990) Jun 638-43;

Doillon C.S., Whyne C.F., Branswein S., Silver F.H. Collagen- based wound dressing: control of the pore structure and morphology. J. Biomed. Mater. Res., 20 (8) (1986) 1219-28;

El -Kattan A.F., Asbill C.S.,Kim N., Michniak B.B. The effects of terpene enhancers on the percutaneous permeation of drugs with different lipophilicities. lnt. J. Pharm., 215 (1- 2) (2001 Mar 14) 229-40;

El Tayar N., Tsai R.S., Testa B., Carrupt P.A., Hansch C., Leo A. Percutaneous penetration of drugs: a quantitative structure- permeability relationship study. J. Pharm. Sci., 80 (8) (1991 Aug) 744-9;

Fingas M., Fieldouse B. Studies of the formation process of water-in-oil emulsions. Mar. Pollut. Bull., 47 (9-12) (2003) 369-96;

Forslind B., Engstrom S., Engblom J., Norlen L. A novel approach to the understanding of human skin barrier function. J. Dermatol. Sci., 14 (2) (1997) Feb 115-25;

Franz T.J., Tojo K., Shah K.R., Kydonieus A.Transdermal delivery, in Treatise on Controlled Drug Delivery: Fundamentals, Optimization,

Application. A. Kydonieus Ed., Dekker (1992) 341-421;

Fresta M., Puglisi G. Corticosteroid dermal delivery with skin- lipid liposomes. J. Contr. Rel., 44 (1997) 141-51;

Fukushima S., Kishimoto S., Horai S., Miyawaki K., Kamata Y., Yamaoka Y., Takenchi Y. Transdermal drug delivery by electroporation application tha stratum-corneum of rat using stamp-tyde electrode and froy-type electrode in vitro. Bid. Pharm. Bull., 24 (9) (2001 Sep) 1027-31;

Guy R. H., Carlstran E.M., Bucks D.A., Hinz R.S., Maibach H.I. Percutaneous penetration of nicotinates: in vivo and in vitro measurements. J. Pharm. Sci., 75 (10) (1986 Oct) 968-72;

Hadgraft J. Modulation of the barrier function of the skin. Skin Pharmacol. Appl. Skin Physiol., 14 suppl.1(2001) 72-81;

Hadgraft J., Pugh W.J. The selection and design of topical and transdermal agents: a review. J. Investig. Dermatol. Symp. Proc., 3 (2) (1998) 131-5;

Kreilgaard M. Influence of microemulsions on cutaneous drug delivery. Advanced Drug Delivery Reviews, 54 (2002 suppl.1) S77-S98;

Leopold C.S., Lippold B.C. Enhancing effects of lipophilic vehicles on skin penetration of methyl nicotinate in vivo. J. Pharm. Sci., 84 (2) (1995 Feb) 195-8;

Moser K., Kriwet K., Kalia Y.N., Guy R.H. Passive skin penetration enhancement and its quantification in vitro. Eur. J. Pharm. Biopharm., 52 (2)(2001 Sep) 103-12;

Murdan S., Gregoriadis G., Florence A.T. Sorbitan monostearateIpolysorbate 20 organogels containing niosomes: a delivery vehicle for antigens? Eur. J. Pharm. Sci., 8 (3) (1999 Jul) 177-86;

Nasseri A.A., Aboofazeli R., Zia H., Needham T.E. Lecithin - Stabilized Microemulsion: An Organogel for Topical Application of Ketorolac Tromethamine.I: Phase Behavior Studies. Iranian J. of Pharm. Research, (2003) 59-63;

Potts R.O., Cleary G.W. Transdermal drug delivery: useful paradigms. J. Drug Target.,3 (4) (1995) 247-51;

Scheuplein R.J., Blank I.H. Permeability of the skin. Physiol. Rev., 51 (4) (1971 Oct) 702-47;

Scheuplein R.J. Percutaneous absorption after twenty-five years: or " old wine in new wineskins ". J. Invest. Dermatol., 67 (1) (1976 Jul) 31-8;

Shchipunov Yu. A. Lecithin organogel a micellar system with unique properties. Colloids and Surfaces a: Physicochemical and Engineering Aspects, 183-185 (2001) 541-554;

Sinha V.R., Kaur M.P. Permeation enhancers for transdermal drug delivery. Drug Develop. Ind.. Pharm., 26 (2000) 1131-1140;

Solich P., Ogrocha E., Schaefer U. Application of automated flow injection analysis to liberations studies with the Franz diffusion cell. Pharmazie, 56 (10) (2001 Oct) 787-9;

Swarbrick J., Lee G., Brom J. Drug permeation through human skin: I. Effect of storage conditions of skin. J. Invest. Dermatol., 80 (1983)44-49;

Touitou E., Dayan N., Bergelson L., Godin B., Eliaz M. Ethosomes-novel vescicular carriers for enhanced delivery: characterization and skin penetration properties. J. Control Rel., 65 (3) (2000) 403-418;

Wagner H., Kostka K.H., Lehr C.M., Schaefer U.F. Interrelation of permeation and penetration parameter obtained from in vitro experiments with human skin and skin experiments. J. Control.Release, 75 (3) (2001 Aug 10) 283-295;

Woodford R., Barry B.W. Optimization of bioavailability of topical steroids: thermodynamic control. J. Invest. Dermatol., 79 (6) (1982 Dec)388-91;

Wallace G.G., Innis P.C., Inherently conducting polymer nanostructures. J. Nanosci. Nanotechnol., 2 (5) (2002 Oct) 441-51;

Kanikkannan N., Singh M., Skin permeation enhancement effect and skin irritation saturated fatty alcohols. Int. J. Pharm., 248 (1-2)(2002 Nv) 219-28.

I want morebooks!

Compra i tuoi libri rapidamente e direttamente da internet, in una delle librerie on-line cresciuta più velocemente nel mondo! Produzione che garantisce la tutela dell'ambiente grazie all'uso della tecnologia di "stampa a domanda".

Compra i tuoi libri on-line su
www.get-morebooks.com

Buy your books fast and straightforward online - at one of the world's fastest growing online book stores! Environmentally sound due to Print-on-Demand technologies.

Buy your books online at
www.get-morebooks.com

Printed by Books on Demand GmbH, Norderstedt / Germany